INVENTAIRE
V 15677

AF588620

CANAL-BOSPHORE

DE

GIBRALTAR

PROJET CONÇU

Par M. Alexandre LAYA.

RAPPORT

SUR

SES ÉTUDES ET SON ORGANISATION.

PARIS
IMPRIMERIE CENTRALE DES CHEMINS DE FER
A. CHAIX ET Cie,
RUE BERGÈRE, 20, PRÈS DU BOULEVARD MONTMARTRE.
1866

CANAL-BOSPHORE

DE

GIBRALTAR

PROJET CONÇU

Par M. Alexandre LAYA.

RAPPORT

SUR

SES ÉTUDES ET SON ORGANISATION.

PARIS
IMPRIMERIE CENTRALE DES CHEMINS DE FER
A. CHAIX ET Cie,
RUE BERGÈRE, 20, PRÈS DU BOULEVARD MONTMARTRE.
1866

CANAL-BOSPHORE

DE

GIBRALTAR.

RAPPORT

PAR M. ALEXANDRE LAYA

Paris, avril 1866.

Le but que je me propose d'atteindre par la construction d'un canal dit :

Canal-Bosphore de Gibraltar,

et dont les détails seront indiqués plus loin, est d'abord :

Politiquement et *commercialement* : de paralyser par une colonisation française habilement organisée, dans la plus belle partie de la zone andalouse, l'influence de l'Angleterre, qui a usurpé la pointe d'Europe (*Punta di Europa*), pour y exercer, seule, une influence anormale, et empêcher le commerce par une contrebande déplorable.

Or, rien n'est plus facile :

Toute cette partie de l'Espagne se trouve comme enfermée dans une chaîne de montagnes dite : *la Sierra de las Gazules*, qui s'abaissent du côté d'*Algeciras à la punta Carnero* d'une part, et de l'autre, s'étendent du côté de Cordoue.

Là, le Guadalquivir se dirige vers Séville et Cadix, et à partir de Chiclana jusqu'à Trafalgar, une zone complétement abandonnée se trouve être le théâtre d'une contrebande active dont *Gibraltar* est le centre,

Tarifa, la vigie,

Et *Rio Barbate* (tout auprès de *Trafalgar*), un point principal de ravitaillement.

Un petit port de physionomie et de nom arabes, *Zara*, sert de point central aux contrebandiers.

Dans mon excursion, je les ai surpris en flagrant délit d'organisation, sans aucunes entraves.

L'influence anglaise s'exerce donc à Gibraltar et s'étend sourdement dans cette zone, dans le but unique de développer cette contrebande qui prend à l'Espagne et au commerce du monde entier, peut-être, plusieurs centaines de millions.

Nous ne parlons pas de la fantasmagorie des canons de Gibraltar, dont l'inanité devient de plus en plus manifeste, grâce à l'initiative du gouvernement français, qui a prouvé par le développement de sa marine que l'empire des mers n'est plus le privilége de nos voisins et alliés.

A l'époque où je me suis occupé de ce canal, en 1862, j'ai su très-positivement, par des membres de la Chambre des communes, amis de lord Palmerston, que l'on provoquait dans le *Times* une enquête nationale (comme cela se fait souvent), sur la question de la cession du rocher de Gibraltar à l'Espagne.

J'ai dans mon dossier un article de ce journal, fort curieux, sur cette question, espèce de ballon d'essai dont la solution viendra plus tard.

La France poursuit, de notre temps, l'affranchissement des nationalités et, par conséquent, l'abolition des privilèges de certaines nations au préjudice des autres.

Or, l'influence des Anglais à Gibraltar est une surprise qui doit tirer à sa fin, et rien n'est plus facile pour la France que de terminer cette domination ridicule.

En voici les moyens :

1° Aider l'étude que j'ai presque achevée d'une colonisation agricole et commerciale sur la zone dont il s'agit ;

2° La peupler selon un aménagement de colons bien choisis ;

3° Ouvrir le canal, et construire dans les parages de Rio-Barbate et de Zara, près Trafalgar, un port et des docks internationaux dont l'accès serait diplomatiquement déclaré neutre, le détroit de Gibraltar devant, selon moi, comme tous les détroits, devenir la voie libre de toutes les marines, sauf conventions réglementaires passées entre les peuples intéressés ;

4° Donner (ce qui est possible) au canal-Bosphore une direction qui coupe la presqu'île dite la *Punta di Europa*, et isole de cette façon, complétement, le rocher de Gibraltar, dont les canons, braqués sur un passage devenu inutile et fermé, resteront luxueusement stériles.

Nous allons maintenant résumer les avantages de notre projet au point de vue :

Maritime,

Commercial,

Et *Agricole.*

I.

Navigation.

La première question du problème que je cherche à résoudre est celle-ci :

Le canal-Bosphore est-il possible ?

Oui.

Et, comme je l'indique :

Ce n'est pas un canal, c'est un véritable *Bosphore*, un *bras de mer* à ouvrir, qui est indiqué par la nature.

Ce canal serait alimenté, comme on va le voir, par les courants de la mer, grâce à la différence de niveau de l'Océan sur la Méditerranée et par plusieurs fleuves qui se trouvent sur ces parages.

Observations faites sur les courants.

Un point qui nous intéresse, pour la solution du problème principal, c'est l'état des courants des deux mers.

Les ingénieurs envoyés par l'empereur Napoléon III, en 1857, pour sonder le détroit de Gibraltar et lever le plan du territoire espagnol, ont observé et déclaré ce qui suit :

Le courant, parti du cap Finistère vers le sud-sud-ouest, se dirige par le sud-ouest le long de cette côte, sur laquelle il porte en partie.

A la hauteur du cap Saint-Vincent, qui continue au sud-est, ce courant prend la direction est, poussé dans ce sens à l'ouverture du détroit de Gibraltar, en sorte que le courant porte évidemment les eaux de l'Océan dans la Méditerranée, en biaisant sur la côte d'Espagne, et sa course, en vitesse, est variable selon les vents régnants, leur force et leur durée. (Voir n° 193 : *Considérations générales sur l'océan Atlantique,* page 120. — *Rapport du capitaine Kerhallet.)*

Un fait, relevé par l'hydrographe Daussy, vient confirmer ce fait physique : c'est que dans les expériences faites sur la direction normale de l'océan Atlantique, on a remarqué que des bouteilles jetées à la mer, sur un point quelconque de ces immenses parages, ont été, en partie, retrouvées sur la côte d'Espagne, et aucune n'a été signalée sur la côte d'Amérique.

Les eaux de l'Océan, dit le capitaine Kerhallet *(Manuel de la Navigation du détroit de Gibraltar),* viennent en masse jusque par la longitude de 20° E., se dirigent au sud-est puis à l'est, et s'engouffrent dans le détroit de Gibraltar comme dans le conduit d'un entonnoir.

Les marées viennent encore à l'appui de ces observations.

On sait d'abord que la Méditerranée ne présente pas le phénomène des marées, et il est de principe général que lors des marées de l'Océan, les eaux *en flux* ou *courant de flot* entrent dans les baies fermées jusqu'à ce que le plein soit fait au fond de la baie, et qu'elles en sortent en *reflux*, soit *courant de jusant*, lorsque la mer baisse.

Or, en considérant le premier bassin de la Méditerranée comme une large baie fermée, limitée à l'est par les îles de Corse et de la Sardaigne, les eaux vont, de l'Atlantique dans la Méditerranée, à Cagliari, tant que la mer monte, et elles sortent de ce même port dans la Méditerranée tant que les eaux baissent.

C'est là la loi qui paraît présider, dans des proportions symétriques au phénomène des marées, dans le détroit de Gibraltar.

Le courant de flot (que les marins nomment ainsi par suite du phénomène du flux) se porte donc de l'ouest à l'est dans ce détroit par les eaux de l'Atlantique vers la Méditerranée, et notamment au cap de Trafalgar; et, quant au *courant de jusant* (celui qui désigne le mouvement de retrait), il est très-peu sensible dans la Méditerranée.

Il y a donc un courant; par conséquent, une différence de niveau, ce qui rend possible le percement d'un Bosphore-canal, dont la pente peut être réglée à volonté.

Des Vents.

Les ingénieurs ont dû se préoccuper de cet obstacle périodique à la navigation du détroit, et nous pouvons y trouver la preuve de l'importance immense qu'offrirait à ce point de vue la construction de notre canal.

« Les vents violents de l'est, dit le capitaine Kerhallet, (page 148), règnent dans le détroit de Gibraltar, principalement en mars, juillet, août, septembre et décembre (cinq mois de l'année). »

Voici les observations constatées, tant sur les vents d'est que ceux de l'ouest, pendant trente ans :

De 1810 à 1815,	Vents E..............	1,173 jours.
	Vents O..............	951 —
	Vents variables violents.	67 —
De 1816 à 1825,	Vents E..............	1,772 —
	Vents O..............	1,881 —
De 1851 à 1855,	Vents E..............	602 —
	Vents O..............	745 —
	Ensemble.....	7,191 jours.

On est effrayé quand on songe que ce chiffre énorme porte sur le montant de 10,950 jours, ne présentant sur ce chiffre qu'une différence de 3,759 jours, c'est-à-dire plus d'un tiers.

A Cadix, seulement, d'aprs les relevés faits par M. le directeur de l'Observatoire le brigadier Montijo, au point d'observations de San Fernando, on trouve ce résultat :

De 1850 à 1855,	Vents E..............	544 jours.
	Vents O..............	906 —
	Vents N..............	202 —
	Vents S..............	130 —
A savoir, sur 2,190 jours	....	1,782 jours.

Raffales, raz de marée, retards.

A cela il convient d'ajouter trois autres éléments d'obstacles à la navigation constatés par les ingénieurs, à savoir :

D'abord, de très fréquentes raffales, et, en outre, un phénomène spécial à ce détroit et que l'on nomme des *raz de marée*, sorte de bouillonnements très dangereux, qui se présentent sur plusieurs points du passage, au *cap Trafalgar*, au plateau de *Cabezos*, à la *Punta de Tarifa*, à la *Punta de Fraile*, et à la *Punta de Europa*.

Quant aux retards, les navigateurs de toutes nations en éprouvent, chaque année, un préjudice considérable; et il faut ajouter qu'en ces parages, on ne peut avoir le choix, comme les bâtiments qui vont aux Indes ou qui en reviendront, lorsque l'isthme de Suez sera à leur disposition.

Il est de toute évidence que les navires qui doivent passer de l'Océan dans la Méditerranée, et réciproquement, ne peuvent se dispenser de franchir le détroit de Gibraltar.

Or, chaque année, on peut lire dans les comptes rendus maritimes que des milliers de navires à voiles ont été forcés d'attendre pendant plusieurs semaines que le temps leur permît de franchir le détroit, soit du côté Océan, soit du côté Méditerranée.

On comprend l'importance des frais que ces retards doivent imposer : la nourriture de l'équipage seule est une dépense considérable; ajoutons à cela les avaries, les dégâts, les sinistres et les naufrages; tout cela présente (sans compter le côté moral) un côté matériel de frais qui se chiffrent par une somme énorme, laquelle, au contraire, sera remplacée par un gain considérable lorsque le canal de Gibraltar sera ouvert.

Il y a quelques années, à Barcelone, on attendait des navires chargés de coton de provenance océanique. Ils ont été retardés à Cadix, ne pouvant franchir le détroit pendant deux mois. D'autres navires sont survenus avec un chargement considérable. Le prix du coton a baissé, et des maisons de Barcelone ont fait faillite par suite de ce retard.

II.

Commerce : de son importance par le détroit et du rendement probable.

Nous avons divisé notre enquête sur ce point en trois parties :

1° Le nombre de navires et de tonnes passant par le détroit, aller et retour, de l'Océan à la Méditerranée, et réciproquement, *qui touchent aux côtes d'Espagne ;*

2° *Idem* de ceux qui *ne touchent pas les côtes d'Espagne ;*

3° L'augmentation des navires par le percement de l'isthme de Suez, dont l'achèvement pourra coïncider avec la construction du canal de Gibraltar.

En ce qui concerne le premier et le second point, nous avons fait, sur des documents officiels, le relevé des navires espagnols et étrangers qui passent le détroit pour entrer de l'Océan dans la Méditerranée, et réciproquement, et nous avons trouvé (voir 1er tableau, page 00) :

Bâtiments espagnols chargés	13,520
— étrangers chargés	14,588
Ensemble	25,108
Bâtiments espagnols en lest	3,739
— étrangers en lest	4,636
Ensemble	8,375
Ce qui donne un total de navires	31,483

Ces bâtiments jaugent, en moyenne, 150 tonnes, ce qui donne :

Tonnage général : 4,722,450.

Et nous faisons remarquer que nous n'avons dû faire que le relevé des bâtiments *qui touchent les côtes d'Espagne.*

Il est très-difficile d'évaluer le nombre des bâtiments qui *ne touchent pas les côtes d'Espagne.*

Seulement, un document peut nous en donner une idée approximative, c'est le relevé de la navigation des États méditerranéens.

Désireux de ne rien exagérer, nous n'évaluerons qu'à la moitié le chiffre de ces bâtiments.

Donc, si aux navires	31,483
nous ajoutons	15,742
nous aurons : navires	47,225

Et si aux tonnes	4,722,450
nous ajoutons la moitié	2,361,225
nous aurons : tonnes	7,083,675

Soit, en chiffres ronds : 7 millions.

Du contingent des navires qui pourront prendre la route de l'isthme de Suez.

Aux chiffres ci-dessus nous devons nécessairement ajouter le chiffre des navires qui prendront la route de l'isthme de Suez (voir le 2e tableau, page 33).

Nous empruntons aux travaux de M. Ferdinand de Lesseps des chiffres qui viennent ajouter un contingent de navires aux chiffres ci-dessus.

Or, les ingénieurs de cette vaste entreprise évaluent à plus de *six millions* le nombre de tonnes qui passeront de l'isthme de Suez à l'Océan, et réciproquement, par année.

Ce qui donnerait en tout une quantité de *treize millions*, de tonnes, chiffre que nous réduisons à dix millions, base de notre calcul de rendement.

Port intérieur et docks internationaux.

Parmi les éléments de succès de ce *Bosphore-canal* je dois mentionner l'idée que j'ai eu de choisir un point central, en profitant d'un lac (*el lago de la Landa*), pour y construire un *port* et des *docks internationaux* qui se trouveraient merveilleusement placés entre *Cadix, Trafalgar, Tarifa, Algéciras* et *Gibraltar*, et vers lequel les deux branches de notre canal aboutiraient. La place de ces port et docks s'indique d'elle-même sur le plan; il est inutile de développer les immenses avantages qui en résulteraient. On peut dire que ce port, établi comme à la pointe de l'Espagne, serait la clef des deux mers, et que sa situation topographique gagnerait beaucoup, à raison de son rapprochement de la côte d'Afrique.

III.

Agriculture et produits accessoires.

Il semble, en outre, que la nature en favorise l'établissement, comme *port de refuge et de ravitaillement,* en le plaçant comme le centre d'une navigation périlleuse. Non-seulement le canal permettra d'éviter le danger du détroit, mais encore les navires au long cours, lorsque l'isthme de Suez sera livré à la navigation, trouveront dans ces docks, du charbon, des objets nécessaires de navigation, instruments, parties de machines, ancres, cordages, poulies, etc., etc.

Un commerce considérable devra s'ensuivre.

Nous n'indiquerons ici que pour mémoire *les cours d'eaux pour irrigation, les colonies agricoles, les fours hydrauliques,* etc.

Le territoire qui avoisine ce canal est, selon nous, destiné à un grand centre commercial qui, se ramifiant bientôt, soit avec les deux ports d'entrée du canal (Océan et Méditerranée), soit avec les chemins de fer déjà existants (Cadix, Séville, Madrid, etc.), et venant du centre de l'Espagne, deviendra d'une importance incalculable et d'un gain tout net en faveur de la Compagnie. Il y a 25 lieues carrées superficielles à fertiliser : la terre y est lézardée de crevasses par suite du manque d'eau.

Colonisation.

Ces 25 lieues carrées sont presque inhabitées, nous les avons visitées, et pendant des journées entières nous parcourions de vastes solitudes ; à chaque pas, nous regrettions de ne pas voir ces admirables terres colonisées, et nous n'avons aucun doute sur l'immense résultat qui viendrait enrichir ces parages. Il y a des villages à édifier dont la richesse agricole et commerciale peut créer une nouvelle province aussi riche que celle de Valence. La combinaison du canal, des constructions du port, et des irrigations, réalisera sans aucun doute ce projet agricole et commercial.

La plus-value des terrains acquis par la Compagnie est incalculable.

Petit cabotage.

Enfin, une branche de produits qui peut devenir considérable, c'est celle des vaisseaux ou barques destinés au *petit cabotage*, et qui ne peuvent se risquer dans le passage si difficile du détroit.

Évaluer le nombre de ces modestes tributaires du canal, est chose impossible. C'est une création toute nouvelle que l'expérience fixera, et que nous ne pouvons, pour le moment, que désigner comme une éventualité avantageuse.

On comprend, du reste, que des moyens de transport, organisés utilement, devront favoriser le cabotage déjà existant et en multiplier les moyens.

On voit par ce qui précède combien de branches de produits s'ouvrent devant nos yeux, et assurent un produit annuel très-considérable.

Des droits à percevoir.

Nous ne pouvons ici faire une appréciation décisive des droits de péage qui seront imposés aux navires devant passer par le *canal de Gibraltar.*

Nous devons procéder par analogie, en faisant remarquer seulement que le droit à percevoir dépendra du système d'organisation qui sera adopté.

Nous n'avons que l'élément des dépenses faites et de l'amortissement à combiner pendant quatre-vingt-dix-neuf ans, durée ordinaire de la concession, si l'on adoptait :

1° Soit un droit reporté généralement sur les armateurs du monde entier : sorte de subvention internationale;

2° Soit un droit payé par les gouvernements, avec redevance à l'Espagne, comme cela s'est pratiqué pour le passage du *Sund*, au profit du Danemark;

3° Soit enfin un simple péage proportionnel, selon le chiffre du tonnage.

Nous n'avons pas à nous occuper pour le moment des deux premières hypothèses : nous ne parlerons que de la dernière, et cela par analogie.

Or, M. de Lesseps fixe le droit de passage dans le canal de l'isthme de Suez à *10 francs par tonne.*

Le canal de Suez aura 150 kilomètres; le canal de Gibraltar, à peu près la moitié, ce qui mettrait à *5 francs* par tonne le droit de passage.

Or, nous n'aspirons pas à un péage aussi élevé.

Mais voyons un peu quel est le droit payé pour des passages bien moins importants.

Le *canal de l'Ebre,* long de 60 kilomètres, impose 6 centimes par tonne par kilomètre, ce qui fait 3 fr. 60 c. par tonne, pour le passage entier ; — ou 4 fr. 80 c. pour les 80 kilomètres du canal de Gibraltar.

Le *canal du Centre,* en France, impose différents péages, *par catégories,* sur un parcours de 5 kilomètres.

Ainsi, *le mètre cube de bois* paie 22 centimes par 5 kilomètres (le mètre cube équivaut à la tonne), ce qui constituerait pour 80 kilomètres (longueur du canal de Gibraltar), un péage de 3 fr. 52 c.

Le droit du bateau entier, chargé ou non, est imposé, selon ses dimensions, de 2 fr. 15 c. à 5 francs en sus, c'est un prix fixe, en dehors du tonnage ; moyenne, 3 francs, soit donc 6 fr. 50 c. en chiffres ronds par tonne pour le passage.

Le *canal du Midi* fait payer 15 centimes par 5 kilomètres *par personne,* c'est-à-dire, pour 60 kilomètres, 1 fr. 80 c.; le mètre cube de pierres, 65 centimes par 5 kilomètres, ce qui donne pour 60 kilomètres, 7 fr. 80 c.

Le *canal du Rhône au Rhin* fixe le péage du mètre cube à 20 centimes pour 5 kilomètres, ce qui donne pour 60 kilomètres, 2 fr. 40 c.

Le *canal de l'Ourcq* porte aussi ses péages à des taux de catégories ; la moyenne du péage, par 5 kilomètres, est environ de 30 à 40 centimes ou de 3 fr. 60 c. à 4 fr. 80 c. pour 60 kilomètres ; chiffres considérables, et qui sont perçus sur des canaux qui n'ont pas pour objet, cependant, de sauver les navires du danger qui les menace ou des retards qui les grèvent.

D'après tout ce qui précède et qui peut nous servir de règle, nous estimons que si le péage imposé aux navires pour le passage entier du canal, s'élevait seulement à *deux francs* par tonne, ce taux, de beaucoup inférieur aux péages ordinairement perçus sur des canaux faciles et ordinaires, serait considéré comme plus que modeste; et, néanmoins, il pourra produire à la Compagnie le chiffre annuel de 20 à 30 *millions* de francs, seulement pour le péage des vaisseaux, et nous ferons remarquer que la construction du canal n'arrivera pas à un million de francs par kilomètre, soit 120 millions, soit, en moyenne, 15 0/0 de rendement annuel. Ce chiffre porte sur une réduction considérable des rendements probables.

Droits d'ancrage et d'amarre. — Un péage doit être imposé pour l'ancrage et l'amarre; c'est un chiffre dont l'importance est proportionnée à l'importance du tonnage, et sur lequel nous aurons à entrer dans quelques considérations, que nous devons ajourner pour le moment; il en sera de même du produit des *remorqueurs*, du *touage*, etc., qui paieront, en grande partie, les frais généraux de la Compagnie.

Nous croyons n'avoir négligé aucun élément statistique de nature à éclairer la question.

Nous terminerons ce travail par un résumé que nous regardons comme important, et qui est relatif au passage du *détroit du Sund.*

Ce passage pouvant avoir quelque analogie avec notre Bosphore-canal, nous croyons que les phases historiques du droit perçu peuvent intéresser. Il y a, en effet, une analogie qui pourra se présenter : ce serait le cas où les puissances maritimes du monde entier, jugeant le passage de notre canal utile à la navigation, paieraient un droit convenable ou indemnité des frais de cette œuvre internationale.

Droit du Sund.

Nous devons résumer ici l'historique des phases par lesquelles a passé le péage du Sund en faveur du Danemark.

On sait que le détroit dont il s'agit est un bras de mer appartenant au Danemark, qui sert de lien de communication de la *Baltique* avec le *Cattegat,* et qui sépare l'île de Séeland de la Suède.

Anciennement, le droit de ce péage était d'une simple *rose noble* par navire.

Christian II (au xve siècle), voulant encourager le commerce des Hollandais au détriment des Hanséates, augmenta ce droit, et déjà les difficultés commencèrent.

En 1544, Charles-Quint fit avec Christian III un premier acte sérieux sur le péage; cet acte ne fut pas poursuivi.

Bientôt les navires suédois, portant des marchandises, furent imposés selon le tonnage, et très-capricieusement. De l'année 1614 à 1639 des guerres survinrent, et le passage fut formellement interdit aux navires suédois. A cette époque, le droit fut établi à 30 0/0 *ad valorem;* ce droit fut augmenté en 1640. Ainsi, le quintal de salpêtre, qui coûtait 10 rixdalers (le rixdaler vaut 3 francs), paye, au passage du Sund, 14 rixdalers de droit, soit 42 francs environ.

En 1641, les navires de l'Esthonie et de la Livonie furent rançonnés à tel point, que le bois payait 50 0/0 *ad valorem.*

En 1645, à Christianople, un traité conclu avec le Danemark et les principaux États établit le droit à 1 0/0 *ad valorem*. Ce traité dura jusqu'en mai 1840 (deux siècles), et fut renouvelé à cette époque.

Nous ne pouvons donner ici un relevé complet des faits et des chiffres ; nous renvoyons pour cela nos lecteurs aux *Annales officielles du commerce extérieur*, n° 1030, et au texte du traité actuel.

Certes, nous n'élevons pas nos prétentions aux résultats obtenus par ce traité, par lequel on voit que l'énorme droit annuel payé au Danemark par les puissances étrangères, à titre de rachat du péage, est de 30,476,323 rixdalers, soit 91,428,969 francs.

Conclusion.

Nous ne ferons pas ressortir les avantages d'une entreprise à laquelle la nation espagnole, en particulier, attache une haute importance, et dont les États européens ne tarderont pas à comprendre l'utilité.

Un ministre de la reine d'Espagne, qui veut bien porter beaucoup d'intérêt à notre projet, nous disait *qu'il n'y avait pas un Espagnol qui ne donnerait sa piastre pour cette affaire.....*

Nous poursuivons notre tâche avec un persévérance que rien ne rebutera. Nous résumerons toute réponse aux objections souvent erronées et parfois très-superficielles qui nous ont été faites, en disant : QUE CE PROJET EST RÉALISABLE ; QU'IL EST FACILE ; — QU'IL INTÉRESSE LA NAVIGATION DU MONDE ENTIER.

Qu'enfin, il établit l'équilibre en ce qui concerne l'occupation de Gibraltar, en permettant d'ouvrir également, pour toutes les nations, l'accès de l'Océan et de la Méditerranée, le jour où le rocher crénelé par les Anglais à Gibraltar sera neutralisé par des conventions internationales sur le passage du détroit, conventions rendues faciles par l'établissement de ce canal. C'est là une considération politique que nous n'avons pas voulu étendre ni développer, mais dont tous les peuples, et, bien plus, les Anglais eux-mêmes, ont apprécié l'importance.

ALEXANDRE LAYA.

Paris, 24, rue de la Paix.

ANNEXE.

Nous devons publier ici un article que M. Emile de Girardin a eu l'obligeance d'insérer dans *la Presse* le 24 avril 1864. (Il y a deux ans.)

CANAL DE GIBRALTAR.

Le maréchal Narvaez montait à la tribune il y a quelques mois, et demandait à l'Espagne si elle supporterait bien longtemps encore l'outrage qui lui a été infligé par l'existence du rocher *anglais* de Gibraltar. Dans le cœur du vieux soldat de l'Espagne humiliée, s'élevait, nécessairement, le cri de la *guerre*, triste et monotone solution des choses humaines, justement combattue par *la Presse*.

Or, il existe un moyen très-pacifique, très-naturel, plus simple et moins coûteux qu'on ne le croit, d'annihiler le fameux *rocher anglais* de Gibraltar : c'est de réaliser le projet que j'ai conçu, d'ouvrir sur le sol même de la péninsule espagnole un canal de grande navigation qui remplace le *détroit de Gibraltar* et isole le « rocher anglais. »

La sympathie que témoigne *la Presse*, non-seulement aux pensées qui ont pour objet de détruire ce brutal fléau de la guerre, mais qui peuvent amener les nations à se réunir pour user à titre égaux d'un domaine qui appartient à tous les peuples, *la mer*, m'encourage à demander au *journal de la paix et de la liberté* l'insertion dans ses colonnes de quelques notions qui peuvent intéresser ses lecteurs et m'aider à accomplir une œuvre à laquelle je me suis dévoué.

J'étais chargé, en 1861, d'étudier un projet d'amélioration au port d'Algéciras Une navigation pénible entre Cadix et Gibraltar et les renseignements que je pris sur le passage du détroit qui sert de trait d'union entre l'Océan et la Méditerranée dans ces parages, me donnèrent la pensée de demander au gouvernement espagnol la concession des études d'un canal de grande navigation entre Cadix et la baie orientale qui rentre vers *Rio Guadiario*, en laissant isolée la *Punta di Europa*, presqu'île à l'extrémité de laquelle s'élève, bardé de bronze, bourré de canons, rouge de soldats anglais, le hardi, le superbe, l'âpre rocher qui contient, à Gibraltar, dans ses flancs inépuisables, les engins menaçants de l'artillerie anglaise.

La concession me fut accordée en décembre 1861, et, je dois le dire, avec un empressement tout à fait sympathique. L'idée prit immédiatement un grand crédit, et je fus assez heureux pour rencontrer dans les fondateurs de la maison de Girona, de Barcelone, l'appui, l'activité, le dévouement nécessaires. Je me mis à l'œuvre immédiatement ; et, il y a huit mois à peu près, études spéciales du terrain, statistique, réunion de documents, tout cela fut fait avec des ingénieurs de la maison Girona, qui se joignirent à moi dans le but d'examiner si le travail conçu était exécutable, s'il est utile, s'il peut même être avantageux.

Aujourd'hui les études sont terminées; la solution du problème est reconnue possible; et vous m'accorderez bien quelque attention pour constater l'utilité de cette œuvre, non pas seulement au point de vue politique (je ne m'occuperai pas ici de cette question), mais au point de vue de la navigation et du commerce.

Personne ne contestera que l'existence de ce canal ne rende de bien grands services au commerce, en garantissant la marine de toutes les nations contre les dangers ou les retards apportés aux vaisseaux dans ce passage.

Il résulte de documents authentiques, relevés sur les vigies du littoral espagnol, depuis Cadix jusqu'à Algeciras, et notamment à la vigie de Tarifa, que 40,000 navires jaugeant environ 4 à 10 millions de tonnes et touchant les côtes d'Espagne, passent annuellement de l'Océan dans la Méditerranée ou réciproquement.

A ce nombre s'ajoutent les nombreux vaisseaux qui passent sans toucher le littoral espagnol, lesquels s'augmenteront, dans quelques années, du contingent fourni par les navires qui passeront par le canal de l'isthme de Suez.

Donc, et d'emblée, le détroit de Gibraltar est traversé par un nombre très-considérable de bâtiments.

Maintenant, ce passage est-il facile?

En 1854, le gouvernement de l'empereur des Français a ordonné des travaux d'examen sur la navigation de ce détroit, ainsi que sur le sondage tant sur les côtes d'Espagne que sur les côtes d'Afrique.

Le capitaine de vaisseau M. Kerhallet et le célèbre géomètre Vincendon - Dumoulin ont fait ce beau travail, et ont publié un mémoire très-remarquable à ce sujet, le *Guide de la navigation sur le détroit de Gibraltar*.

Il en résulte la constatation officielle des faits suivants.

Les vents contraires règnent dans le détroit de Gibraltar deux cent quarante jours sur trois cent soixante-cinq de l'année ; un danger permanent pousse tantôt sur les côtes d'Espagne, tantôt sur les côtes d'Afrique ; une espèce de *remou* spontané, que les marins nomment le *raz de marée*, agite constamment les vagues, auxquelles cela donne l'action d'un bouillement ou tourbillon très-contraire à la navigation. Les remorqueurs à vapeur ne peuvent agir utilement, parce qu'en cas de mauvais temps, chaque remorqueur a bien assez à faire de chercher son propre salut

Il existe une différence de niveau entre l'Océan et la Méditerranée, différence qui se manifeste par un courant dont l'effet se produit jusqu'à l'île de Sardaigne, et dont l'intensité dépend du plus ou moins de violence dans l'agitation des deux mers ; il varie de 1 à 5 milles à l'heure, lors des marées.

Des retards presque périodiques, surtout à l'époque des équinoxes, soit en mars et en septembre, retiennent les navires d'un côté et de l'autre du détroit, et cela à tel point, qu'il résulte des détails statistiques relevés officiellement dans ces parages, que deux mille navires en moyenne, de chaque côté (soit quatre mille ensemble), sont forcés de subir un retard moyen de deux mois avant de pouvoir passer, et cela tous les ans.

Ce fait n'est pas une exception. Si l'on consulte, à cet égard, le relevé de Cadix ou de Malaga, on pourra s'assurer de la véracité de cette assertion.

Il y a quelques années, des maisons considérables de Barcelone ont été mises en faillite par suite d'un de ces retards, à raison des chômages qui ont été la conséquence forcée de la non-livraison de cotons qui n'ont pu être importés, faute par les navires de franchir le détroit, et en outre de la dépréciation desdites marchandises, à la suite d'un encombrement de matières analogues, occasionné par ce retard.

Les sinistres qui, chaque année, sont signalés dans ces parages, sont considérables. Plusieurs flottes ont été souvent perdues, notamment la flotte espagnole, lors de la guerre avec le Maroc.

Tels sont les faits dont nous donnons ici le résumé, et qui viennent prouver à quel point l'ouverture de ce canal de navigation serait avantageuse pour la marine et le commerce.

Maintenant, examinons si le canal est possible au point de vue technique.

On ne s'attend pas que nous donnions ici en détail les études complètes de ce travail. Nous ne ferons qu'en indiquer les parties essentielles.

La configuration du sol, depuis le cap de Trafalgar, c'est-à-dire le point d'ouverture du *détroit* pour l'Océan, sur la côte espagnole, offre une immense plaine superficielle aboutissant d'une part au cap de Trafalgar, à l'embouchure du Rio-Barbate, s'étendant à l'est du côté de la petite ville de Vejer, et plus au nord-est de Medina, et bornée vers Tarifa au sud.

Dans cette partie du littoral on ne rencontre aucune difficulté sérieuse. Ses plaines, négligées au point de vue agricole, sont composées de terre arable et seraient d'une fertilité immense si les habitants, qui les abandonnent, se servaient des nombreux puits construits par les Mores, lesquels, disséminés çà et là, pourraient, en se combinant avec des travaux d'irrigation empruntés aux eaux des montagnes à l'horizon, renouveler pour ces parages les richesses de la province de Valence. Cette observation se rattache intimement à nos études, parce que la canalisation que nous proposons a le double objet de frayer la route aux navires pour éviter les dangers du détroit, et de trouver dans les ressources immenses de l'irrigation les éléments d'un progrès incalculable pour la richesse agricole de ces parages.

Le trajet du canal qui prendrait à l'embouchure du *Rio Barbate*, est d'environ 30 kilomètres jusqu'à Tarifa. Il n'y a là aucune difficulté sérieuse : le terrain est sable et argile ou terre friable, et le canal, ayant seulement 70 kilomètres de long, en tout, cette partie ne coûterait pas 400,000 francs le kilomètre.

De Tarifa jusqu'à la pointe *Carnero*, l'on tourne le môle, sur lequel est placé le phare qui domine Tarifa, et qui sert en même temps de vigie. On trouve précisément à la suite de la plage dite *des Lances* une anfractuosité qui permettrait l'établissement du canal, et les collines qui bordent la mer depuis la pointe de Tarifa, allant toutes en déclivité, permettent non-seulement de creuser un lit facile au canal mais aussi d'établir une sorte de môle permanent qui, consolidé par des talus de remblais empruntés au travail même d'excavation, aurait pour résultat de protéger le canal. Si nous relevons cette observation, c'est qu'il nous a toujours paru très-important, lors de notre excursion minutieusement faite sur le parcours, de chercher la ligne stratégique en même temps que l'artère commerciale.

Les difficultés du travail à partir de *Tarifa* jusqu'au *cap Carnero* sont un peu plus grandes que celles qui précèdent; mais pourtant le sol ne présente pas là d'obstacles assez grands pour que les excavations modernes n'y soient facilement appliquées. Le terrain est sablonneux, un peu schisteux, mais d'une matière friable, et si quelques *puddings* de petits agglomérés s'y rencontrent, la main-d'œuvre ne peut être coûteuse pour les détruire dans le travail de terrassement.

La distance est d'environ 16 kilomètres de Tarifa au cap Carnero.

Les travaux qui doivent passer pour difficiles se trouvent à partir du *cap Carnero* jusqu'à *Algéciras*, et d'Algéciras à *San Roque*, puis de San Roque à la baie de *Rio Guadiario;* mais, il faut tout de suite le dire, c'est à ce point seul que les frais peuvent être considérés comme devant absorber la moitié du capital des 100 millions que peut coûter la construction. Nous n'avons pas à vous donner ici, monsieur, le détail de ce travail. Mais nous n'avons, à cet égard, qu'un seul mot à dire et qui résumera toute notre étude : c'est que si les 30 à 35 kilomètres qui termineraient le canal du côté d'Algéciras et de Rio Guadiaro ne présentaient pas de difficultés, ce canal serait un des plus faciles à construire.

La longueur totale du canal serait de 75 à 80 kilomètres ; la moyenne des frais s'élèverait au maximum à 1 million par kilomètre, soit donc 75 à 80 millions, ou, en chiffres ronds, pour faux frais, redevances, bénéfices de construction, 100 millions. Transportons le devis à 120 millions.

Nul doute que le rendement ne produise un bénéfice, en outre des intérêts à 6 0/0 du capital engagé. Mais si les combinaisons financières ordinaires peuvent arrêter une maison de banque qui douterait du succès de cette entreprise, il est avéré, d'après les renseignements pris en Espagne, en France et en Belgique, en Hollande et en Italie, que l'intérêt international qui s'attache à la réalisation de cette entreprise peut amener les gouvernements à la seconder, par l'accord d'un fonds commun qui en assurerait la construction.

Je ne pense pas que la France porterait à l'existence de ce canal un intérêt aussi étroit que l'Espagne. Un des ministres les plus éminents de la reine Isabelle me faisait l'honneur de me dire, il y a quelques mois, « qu'il n'y a pas un Espagnol qui ne donnerait sa » piastre pour creuser ce canal si important pour la navigation, la » stratégie et l'honneur de la Péninsule. »

Mais, pourtant, j'estime que ce grand travail est un de ceux qui peuvent appeler l'attention du gouvernement français assez fortement pour qu'il donne son concours à la formation d'un *capital de cotisation internationale* assez élevé pour assurer un *quantum* annuel d'amortissement.

En supposant qu'il soit nécessaire de faire une dépense de 100 à 120 millions de francs, il faudrait une somme de 12 millions par an, pendant vingt ans, pour couvrir le capital et les intérêts, laquelle somme serait encore réductible, d'une part, par les annuités payées pour l'amortissement, et aussi par les péages à percevoir : ce ne serait pas une assertion exagérée que de dire qu'il suffirait d'une somme moyenne de 8 millions, pendant vingt ans, pour résoudre ce problème financier.

Si donc le gouvernement français accordait une subvention annuelle de 2 millions, ainsi que le gouvernement espagnol, nul doute que les autres États européens ne consentissent à concourir à la formation de ce capital.

Il est plus que probable que les versements volontaires provoqués par la spéculation couvriraient en peu de temps les exigences du capital nécessaire.

En résumé, ce travail, étudié par des hommes spéciaux avec tout le sérieux que comporte une question qui intéresse la marine et le commerce, a été accueillie en Espagne, en France, en Belgique, en Hollande, à Hambourg et en Italie avec une vive sympathie.

La maison Girona, de Barcelone, qui s'est fait déjà connaître dans le monde financier par divers travaux, tels que le chemin de fer de Barcelone à Saragosse et le canal d'Urgel, a bien voulu me seconder en ce qui concerne les études : ces travaux préliminaires sont terminés.

Maintenant, il me reste, pour achever mon œuvre, à convaincre quelque riche capitaliste où quelques gouvernements. Y réussirai-je ? Je l'ignore. Je serais sûr du succès si les journaux, imitant l'élan de la *Presse* pour les idées qui ont pour base le progrès et la paix universelle patronaient avec le *journal de la paix et de la liberté* cette œuvre impatiemment attendue en Espagne ; je serais sûr du succès si le gouvernement de mon pays voulait prendre l'initiative d'un patronage effectif.

C'est à quoi tendent mes efforts.

Je sais pourtant que ce n'est pas toujours aux inventeurs qu'échoit la bonne chance de terminer l'œuvre étudiée avec dévouement ; mais enfin, si le concours des hommes qui tiennent *matériellement* entre leurs mains les destinées de ce monde, me fait défaut, j'aurai la consolation d'avoir posé le germe d'un travail essentiellement utile à l'humanité, et je me dirai avec le poëte :

J'aurais, du moins, l'honneur de l'avoir entrepris.

Alexandre LAYA.

Nota. — Ce tableau ne comprend que les navires *espagnols* qui passent le détroit pour entrer de la Méditerranée dans l'Océan, et réciproquement, en longeant les ports intérieurs de l'Espagne.

CABOTAGE (1860).

BATIMENTS ESPAGNOLS (INTÉRIEUR).

PROVINCES.	BAT MENTS.	BATIMENTS chargés. — Nombre de tonnes.	ÉQUIPAGE.	BATIMENTS	TONNES.	ÉQUIPAGE.
Alicante.........	252	25.995	2.068	111	11.969	1.055
Alméria.........	65	6.166	418	43	3.742	336
Barcelona.......	430	58:717	2.032	110	13.870	932
Cadiz...........	4.342	205.298	19.561	1.262	14.997	2.829
Castillon	15	1.189	107	»	»	»
Coruña..........	337	36.146	3.619	305	29.768	3.012
Gérona..........	6	523	49	3	270	25
Grenada.........	10	988	69	2	148	13
Guipuscoa.......	90	5.775	609	»	»	»
Huelva..........	3.382	55.156	18.069	1.255	14.642	6.306
Lugo	47	4.098	362	32	2.761	241
Malaga..	181	15.345	1.443	75	7.337	664
Murcia..........	44	4.208	348	33	3.194	252
Oviedo..........	227	22.532	2.059	13	978	78
Ponteveda	550	57.592	24.572	110	12.601	1.326
Santander.......	567	78.064	6.502	65	11.385	811
Sevilla.........	2.470	100.330	21.402	300	5.569	1.393
Tarragona.......	118	703	110	»	»	»
Valencia........	148	17.999	1.813	14	1.563	113
Viscaya.........	210	14.895	1.489	3	324	25
Islas Baléares....	29	2.712	246	3	271	20
Total	13.520	715.521	110.947	3.739	135.385	19.431
Bâtiments étrangers en Espagne, en Europe, en Afrique, en Amérique, Asie	14.588	218.627	157.156	4.636	577.881	39.692
Ensemble....	25.108	2.734.148	268.103	8.375	713.266	59.123
Total.	25.108	2.734.148	268.103	»	»	»
Total des bâtiments sur *lest*.	8.375	713.266	59.123	»	»	»
Ensemble....	31.483	3.147.414	317.226	»	»	»

ISTHME DE SUEZ.

Extrait du volume de l'année 1856, *Percement de l'isthme de Suez*, par M. Ferdinand de Lesseps (1855).

PAYS DE PROVENANCE et DE DESTINATION.	NAVIGATION.		COMMERCE.		
	NAVIRES.	TONNEAUX.	IMPORTATION.	EXPORTATION.	TOTAUX.
Angleterre............	2.719	1.401.284	618	618	1.236
Hollande..............	678	335.909	183	50	233
France................	444	143.869	99	38	133
Hambourg	»	»	»	»	»
Brême.................	104	19.699	12	20	32
Espagne	16	8.062	9	10	19
TOTAL........	3.961	1.908.823	917	736	1.653
Autres pays d'Europe, par approximation........	239	91.197	33	24	57
Numéraire, par approximation..............	»	»	100	240	340
TOTAL........	4.200	2.000.000	1.050	1.000	2.050

IMPRIMERIE CENTRALE DES CHEMINS DE FER. — A. CHAIX ET Cᵉ, RUE BERGÈRE, 20, A PARIS. — 3188.

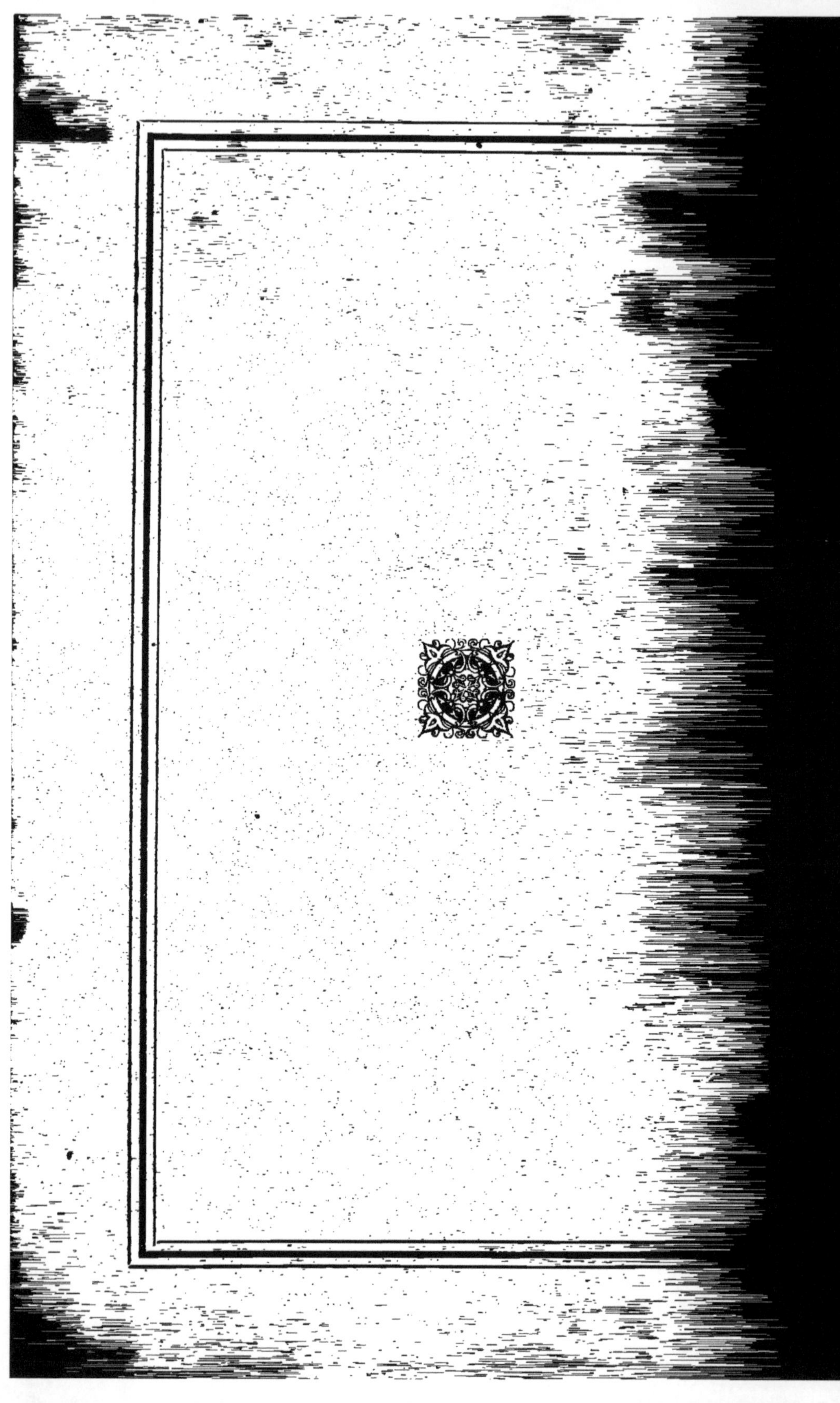

www.ingramcontent.com/pod-product-compliance
Ingram Content Group UK Ltd.
Pitfield, Milton Keynes, MK11 3LW, UK
UKHW021937200726
13855UKWH00007B/1439

9 782013 358170